BEI GRIN MACHT SICH IHR WISSEN BEZAHLT

AF139952

- Wir veröffentlichen Ihre Hausarbeit, Bachelor- und Masterarbeit

- Ihr eigenes eBook und Buch - weltweit in allen wichtigen Shops

- Verdienen Sie an jedem Verkauf

Jetzt bei www.GRIN.com hochladen und kostenlos publizieren

Bibliografische Information der Deutschen Nationalbibliothek:

Die Deutsche Bibliothek verzeichnet diese Publikation in der Deutschen National-
bibliografie; detaillierte bibliografische Daten sind im Internet über http://dnb.d-
nb.de/ abrufbar.

Impressum:

Copyright © 2014 GRIN Verlag, Open Publishing GmbH
Druck und Bindung: Books on Demand GmbH, Norderstedt Germany
ISBN: 9783668618671

Dieses Buch bei GRIN:

https://www.grin.com/document/387303

Anonym

Methodenentwicklung zur Reproduzierbarkeit von Bis(2-ethylhexyl)phthalat in Kartonproben hinsichtlich einer TiO2-Beschichtung als Migrationsbarriere

GRIN Verlag

GRIN - Your knowledge has value

Der GRIN Verlag publiziert seit 1998 wissenschaftliche Arbeiten von Studenten, Hochschullehrern und anderen Akademikern als eBook und gedrucktes Buch. Die Verlagswebsite www.grin.com ist die ideale Plattform zur Veröffentlichung von Hausarbeiten, Abschlussarbeiten, wissenschaftlichen Aufsätzen, Dissertationen und Fachbüchern.

Besuchen Sie uns im Internet:

http://www.grin.com/

http://www.facebook.com/grincom

http://www.twitter.com/grin_com

Hochschule der Medien Stuttgart

Studiengang Verpackungstechnik 7

.

Forschung- und Entwicklungsprojekt

Methodenentwicklung zur Reproduzierbarkeit von Bis(2-ethylhexyl)phthalat in Kartonproben hinsichtlich einer TiO$_2$-Beschichtung als Migrationsbarriere

Studienjahrgang   Wintersemester 2013/2014

Vorgelegt am   08. Dezember 2014

Inhaltsverzeichnis

Abbildungs- und Tabellenverzeichnis

Abkürzungsverzeichnis

DEHP	Bis(2-ethylhexyl)phthalat, Diethylhexylphthalat
GC-MS	Gaschromatographie mit Massenspektrometrie-Kopplung
GZ	Gestrichener Zellstoffkarton
H_2	Wasserstoff
TENAX®	Lebensmittelsimulanz; Poly(2,6-diphenyl-p-phenylenoxid)
TiO_2	Titandioxid

1. Abstract

Phthalate sind sogenannte Weichmacher, die in der Verpackungsindustrie eine enorm wichtige Rolle spielen. Neben dem Einsatz von Weichmachern in der Kunststoffindustrie werden diese oftmals in Druckfarben, Lösemitteln und Klebstoffen verwendet. Bei einer überdurchschnittlichen Aufnahme von Phthalaten, beispielsweise über Nahrungsmittel, können diese eine kanzerogene Wirkung im menschlichen Körper hervorrufen. Lebensmittelverpackungen dienen zum Schutz der Lebensmittel. Eine Wechselwirkung zwischen Verpackung und Packgut ist unumgänglich und sollte deshalb möglichst gering gehalten werden. Somit wird verhindert, dass die Lebensmittelinhaltsstoffe kontaminiert werden und es zum frühzeitigen Lebensmittelverderb kommt, der menschliche Körper folglich nicht darunter leidet. Ebenso migrieren Bestandteile der Druckfarbe – und somit auch die kanzerogen wirkenden Phthalate – in das Packgut.

Die vorliegende Arbeit behandelt die Reproduzierbarkeit von Bis(2-ethylhexyl)phthalat (DEHP) in Frischfaserkartonagen mittels Spiken. Unter Spiken (engl. (to) spike = aufstocken) versteht man das Versetzen einer Oberfläche bzw. einer Probe mit einem bestimmten Stoff. Verschiedene Methoden wurden angewandt, um möglichst reproduzierbare Mengen an DEHP in den Frischfaserkartonagen wiederzufinden. Diesbezüglich wurden Kartonproben gespiked und mit der Lebensmittelsimulanz TENAX® bei 40°C und einer Kontaktzeit von sieben Tagen in Verbindung gebracht. Anschließend wurden die migrierten Stoffe des TENAX® mit Hilfe von Cyclohexan extrahiert, filtriert und mit einem Gaschromatographen mit Massenspektrometrie-Kopplung (GC-MS) analysiert.

Ziel der Reproduzierbarkeit von DEHP ist die spätere Behandlung der Frischfaserkartonprobe mit einem Sol-Gel aus Titandioxid, welches als Migrationsbarriere agieren soll.

2. Methodenentwicklung

Um eine möglichst exakte Reproduzierbarkeit des DEHP in der Frischfaserkartonprobe gewähren zu können, wurde eine 5g/L Lösung aus Ethanol 96% und DEHP 99% hergestellt. Reines DEHP ist viel zu hoch konzentriert, um akzeptable Ergebnisse hervorzurufen. Problematisch bei der Ethanol/DEHP Lösung ist dennoch, dass Ethanol eine relativ hohe Verdampfungsgeschwindigkeit vorzuweisen hat.

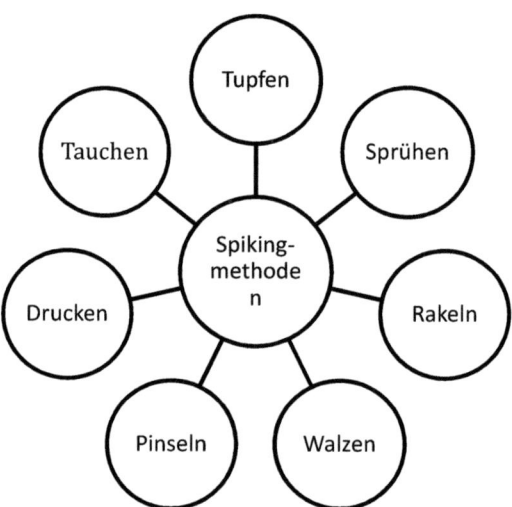

Abb.1: Spikingmethoden für Frischfaserkartonproben

In Abbildung 1 sind die möglichen Spikingmethoden aufgeführt. Letztendlich hat sich herausgestellt, dass die Methoden Rakeln, Walzen, Tupfen und Pinseln nicht geeignet sind, da ein gleichmäßiger Flächenauftrag und somit eine reproduzierbare Menge auf der Kartonprobe nicht gewährleistet werden kann. Folglich wurden die Methoden Sprühen, Tauchen und Drucken angewandt.

2.1 Material

Für die Gewährleistung einer reproduzierbaren Menge an DEHP in einer Kartonprobe muss sichergestellt sein, dass diese keine Mineralölrückstände, Restbestandteile von Drucklacken oder sonstige Stoffe enthält. Andernfalls könnte das Analyseergebnis unweigerlich verfälscht werden. Um diesen Anforderungen gerecht zu werden, wurde ein einseitig gestrichener Zellstoffkarton (GZ) verwendet.

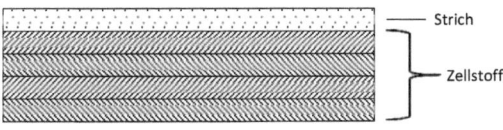

Abb.2: Schematischer Aufbau GZ

Abbildung 2 zeigt den schematischen Aufbau eines gestrichenen Zellstoffkartons. Wie der Name schon sagt, findet sich in dieser Art von Karton ausschließlich Zellstoff wieder. Bei der Herstellung wurde auf Holzschliff, Altpapier und darin enthaltene Recyclingfasern verzichtet. Beim Zellstoffteil handelt es sich um gekochte Zellstofffasern, die nach dem Kochvorgang bei der Kartonherstellung hygienisch rein sind. Hieraus resultiert, dass diese Kartonsorte alle Anforderungen erfüllt und für den direkten Lebensmittelkontakt geeignet ist.

2.2 Methode Versuchsdurchführung

Für die Durchführung der Migrationstests wurden DEHP Lösungen mit den Konzentrationen 1g/L, 2.5g/L und 5g/L in Ethanol hergestellt. Weiterhin wurde die Versuchsdurchführung nach Abbildung 3 durchgeführt. Für die Migrationsuntersuchung wurde jeweils 1g der Lebensmittelsimulanz TENAX® in ein Schraubgefäß aus Glas gefüllt. Die Auswahl eines Glasgefäßes hat zur Folge, dass die Möglichkeit zur Migration fremder Stoffe minimiert wird. Glasgefäße gelten als inert, was bedeutet, dass keine oder nur eine infinitesimal kleine Wechselwirkung zwischen dem Glas und dessen Inhalt stattfindet. Weiterhin wurde die Innenseite des Deckels mit Alufolie bedeckt, um einen Stoffübergang aus dem Deckelmaterial zu vermeiden.

Anschließend wurde die gespikte Probe in den Deckel geklemmt. Zuvor wurden die Proben, sowie die Alufolie auf die Größe des Innendurchmessers des Deckels gestanzt (Radius = 3,5 cm). Durch Umdrehen des Schraubglases gelangte das TENAX® in Kontakt mit der kontaminierten Probe. Es wurde präzise darauf geachtet, dass die Lebensmittelsimulanz eine möglichst homogene Verteilung auf der Gesamtfläche der Probe bildet, die Migration somit flächendeckend stattfand. Das Gefäß wurde daraufhin für sieben Tage bei 40°C im Ofen gelagert.

Durch Zugabe von 5ml Cyclohexan wurde das TENAX® im Anschluss extrahiert und filtriert. Mittels GC-MS-Analyse wurde das Extrakt zum Schluss untersucht.

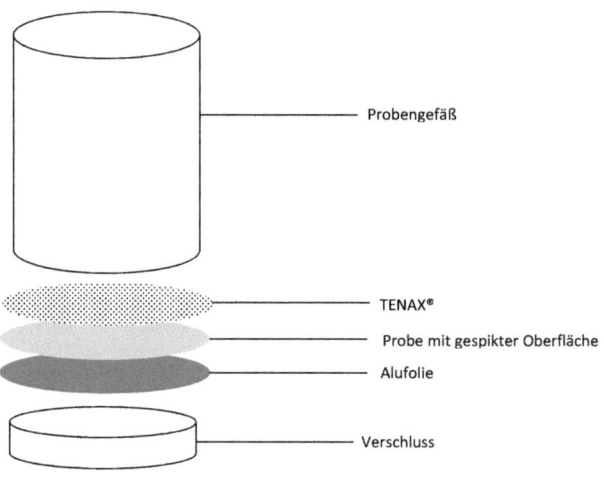

Abb. 3: Schematischer Aufbau der Migrationsversuche

Zur Veranschaulichung der durchgeführten Migrationstests dient Abbildung 3, die die Endposition der Glasgefäße im Ofen schematisch darstellt. Zuvor befanden sich die Gefäße um 180° gedreht, die Lebensmittelsimulanz also am Boden des Gefäßes. Erst kurz vor dem Einlegen der Gefäße in den Ofen wurden die Gefäße gedreht, sodass alle Proben die gleiche Kontaktzeit vorzuweisen hatten. Die dem TENAX®-zugewandte Seite war jeweils die Seite, die zuvor gespiked wurde.

2.3 Angewandte Spikingmethoden

Wie bereits beschrieben war es das Ziel, eine möglichst reproduzierbare Menge an DEHP in einem Frischfaserkarton mittels Spiken wiederzufinden. Die Problematik des schnellen Verdampfens von Ethanol, welches als Trägermittel für die herzustellenden DEHP-Lösungen agierte, zog nach sich, dass weitere mögliche Spikingmethoden wie Walzen, Rakeln, Tupfen und Pinseln nicht angewandt werden konnten. Nach dem Auftragen mit Hilfe einer Mikropipette schlug ein Teil der Lösung schlagartig weg. Eine Flächenverteilung war somit nicht möglich, da höhere Konzentrationen an DEHP an der Auftragsstelle gemessen worden wären. Das Wegschlagen hatte zur Folge, dass sich DEHP-Bestandteile der Lösung bereits direkt nach dem Auftrag im Faserstoff verankert hätten und eine weitere homogene Flächenverteilung somit nicht möglich gewesen wäre.

2.3.1 Sprühen

Beim Sprühspiken kam eine befüllbare Spraydose der Firma Farben Hilkert GmbH zum Einsatz. Diese bestand zum einen aus einer Gaskartusche, zum anderen aus einem Glasgefäß, welches an die Gaskartusche angeschraubt werden konnte. Als Verbindungsstück zwischen Gefäß und Kartusche diente ein Kunststoffröhrchen, welches ebenso für die Beförderung der Lösung verantwortlich war. Diese Methode hatte den Vorteil, dass der Sprühradius abgeschätzt werden konnte. Mit einem Abstand von ca. 8-10 cm wurden die Proben schließlich gespiked, indem sie frontal besprüht wurden. Um der Problematik der Verdampfungsgeschwindigkeit von Ethanol entgegenzuwirken, wurden die Proben unverzüglich gewogen. Fehlerhafte bzw. Proben mit zu viel oder zu wenig Gewicht wurden folglich aussortiert.

2.3.2 Drucken

Das Druckspiking wurde durch den Flexodruck vollzogen. Der Flexodruck oder Hochdruck ist ein direktes Druckverfahren. Von der Farbwanne gelangt die Lösung durch Abstreifen einer Rakel auf die Rasterwalze. Die sich dort befindenden Näpfchen nehmen die Lösung auf und übertragen sie auf eine Fotopolymerplatte, die in diesem Fall ausschließlich erhabene Stellen enthielt, da das Ziel der gleichmäßige Flächenbedruck war. Anschließend drucken die erhabenen Stellen der Fotopolymerplatte auf den Bedruckstoff, womit der Druckprozess abgeschlossen ist. Durch eine Vakuumpumpe wird der Bedruckstoff fixiert, wodurch dieser bei einem Mehrschichtauftrag theoretisch an den immer gleichen Stellen benetzt werden sollte.

2.3.3 Tauchen

Zur Durchführung des Tauchspikens wurden vier Proben in jeweils vier Petrischalen gegeben. Nach der Zugabe von 20ml einer 250mg/L Ethanol-DEHP-Lösung betrug die Eintauchzeit 2 Stunden bei Raumtemperatur. Daraufhin wurden die kontaminierten Proben außerhalb der Petrischalen für 16 Stunden bei Raumtemperatur getrocknet (Suciu et al., 2013).

2.4 Optimierung des GC-MS

Bei der GC-MS Analyse kam eine Säule von Agilent (DB-5ms: 30 Meter, 0,25 mm Innendurchmesser und 0,25mm Film) zum Einsatz. Bei der Untersuchung der ersten Proben zeigten die Chromatogramme deutliches peak tailing und darüberhinaus teilweise unerwünschtes Hintergrundrauschen. Da der GC-MS lange Zeit nicht benutzt wurde, war das Hintergrundrauschen auf die lange Standzeit, sowie den Einsatz von H_2 (Wasserstoff) als Trägergas zurückführen.

Peak tailing bedeutet, dass die aufgezeigten Peaks im Chromatogramm nicht symmetrisch verlaufen sondern schleppend auslaufen, d.h. einen längeren exponentiellen Abfall nach sich ziehen. Dies hat zur Folge, dass die Integration der Peakfläche fehlerhaft wird. Um dem peak tailing entgegenzuwirken wurden folgende mechanische Optimierungen durchgeführt:

- o Sauberer Schnitt des Säulenendes (Kapillare)
- o Tausch der Dichtung

Es zeigte sich, dass die beiden Elemente (Endstück der Kapillare in Verbindung mit der Dichtung) porös und verklebt waren. Nach einem Neustart des Gerätes wurde das Instandhaltungsprogramm gefahren. Zudem wurde die Säule auf 325°C erhitzt, da eine Verunreinigung ebenfalls zum peak tailing führen kann.

Flow rate	1,0-1,1 (psi: 5,5)
Oven temperature	150°C
Ramp 1	5°C/min -> 200°C, held for 5min
Ramp 2	10°C/min -> 280°C, held for 15 min
Detector temperature	150°C (MS quadropole) 230°C (MS source)
Mode for compound identification	Total ion monitoring mode (m/z 57.1, 104, 149 for DEHP

Tab. 1: GC-MS Ofenprogramm (Suciu et al., 2013)

Ferner wurde das Temperaturprogramm des GC-MS angepasst (vgl. Tab.1). Beim zuvor angewandten Temperaturprogramm wurde lediglich eine Rampe mit größeren Temperaturschritten gefahren. Die Retentionszeit von DEHP wurde somit von ca. 7.5 Minuten auf ca. 21.5 Minuten verschoben.

3. Aufbereitung der Lebensmittelsimulanz

Da die Durchführung von Migrationstests mit der Lebensmittelsimulanz TENAX® extrem kostenintensiv ist, wurde eine Soxhlet-Apparatur verwendet, um das TENAX® wiederaufzubereiten (vgl. Abb. 4).

Durch Erhitzen des Rundkolbens verdampft das sich darin befindende Lösemittel Cyclohexan. In Folge der Änderung des Aggregatzustandes von flüssig zu gasförmig gelangt das Lösemittel über das Dampfleitungsrohr zum obersten Kolben. Sobald das gasförmige, reine Cyclohexan am Rückflusskühler angelangt ist, kommt es zur Kondensation, wobei das reine Lösungsmittel auf das kontaminierte TENAX® tropft, bis der Extraktionsraum gefüllt ist. Dies gehört zum eigentlichen Extraktionsvorgang, während die löslichen Stoffe aus dem Feststoff gelöst werden werden und durch die Extraktionshülse diffundieren. Hat das Cyclohexan den Wendepunkt am Heberohr erreicht, kommt es zur schlagartigen Entleerung des Extraktionsraumes. Dabei wird das „verschmutzte" Lösemittel in den Rundkolben rückgeführt. Der Prozess startet anschließend erneut und wird für mehrere Stunden fortgesetzt. Bestenfalls ist das TENAX® nach mehrfacher Wiederholung des Prozesses rein und kann für die Migrationstests erneut verwendet werden.

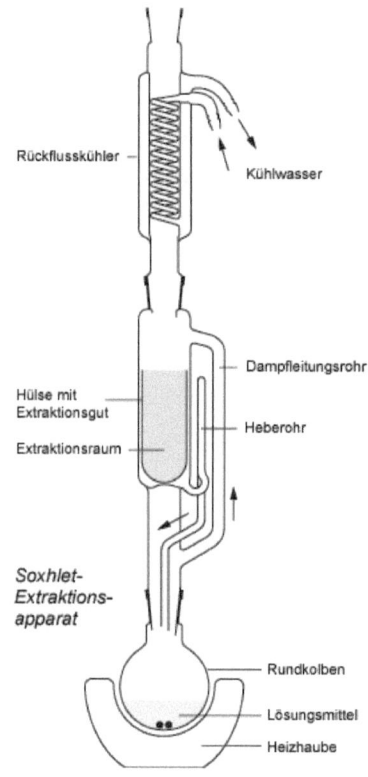

Abb. 4: Soxhlet-Extraktionspparat
(http://www.chemie.unibas.ch/~nachwuchs/che
mie/bilder/soxhlet.gif, entnommen am 04.12.14)

4. Ergebnisse

Um mögliche Fehlerquellen bei der Migrationsmessung auszuschließen, wurde das TENAX®
mit einer definierten Menge direkt gespiked, sodass man mittels Standard und der
integrierten Fläche herausfinden konnte, ob mögliche Toleranzen beim Extrahieren bzw.
Filtrieren entstehen konnten. Diese Fehlertoleranz ist auszuschließen, da zwei Proben mit
3ml Ethanol, welches mit 0,1g DEHP versetzt war, direktgespiked wurde. Die
wiedergefundene Masse an DEHP im Tenax betrug 0,095833g.

4.1 TENAX® Reinheitstest

Im Anschluss zur Soxhlet-Extraktion wurde das TENAX® unter einer Dunstabzugshaube
lichtgeschützt gelagert, sodass die letzten Reste des Lösemittels verdampfen konnten.
Daraufhin wurde 1g TENAX® mit 5ml Cyclohexan extrahiert, filtriert und im GC-MS
analysiert. Es zeigte sich eine deutliche Reduktion der integrierten Peakfläche, was darauf
schließen lässt, dass die Lebensmittelsimulanz in Folge der Soxhlet-Extraktion an Reinheit
gewinnt. Die Durchlaufzeit von 12 Stunden scheint dennoch zu gering gewesen zu sein, um
das gebundene DEHP vollständig zu extrahieren.

9

4.2 Sprühergebnisse

Die Sprühversuche wurden mit einer Konzentration von 5g/L durchgeführt. Da in einem vorangegangenen Testversuch von zwei Proben eine ähnliche Peakarea ersichtlich war, war der eigentliche Test des Sprühspikens vielversprechend. Beim wesentlichen Versuch zeigte sich jedoch eine relativ hohe Abweichung der integrierten Flächen (vgl. Tab.2). Dies ist darauf zurückzuführen, dass die GC-MS-Optimierung nach dem vollzogenen Versuch des Sprühspikens durchgeführt wurde, was bedeutet, dass das Problem des peak tailing zum Zeitpunkt der Analyse des Sprühspikens noch vorhanden war. Die Gaskartusche steht unter einem Druck von 4,4 bar und sollte laut Hersteller vor der Benutzung geschüttelt werden. Dies geschah zu Beginn der Versuchsdurchführung, was die hohe DEHP Konzentration in Probe 1 erklärt. Einleuchtend ist, dass die integrierte Peakfläche fortlaufend bis zu Probe 5 abnimmt, da die Spraydose zwischenzeitlich nicht mehr geschüttelt wurde. Vor dem Besprühen der 5. Probe wurde das Glasgefäß abgeschraubt und die Gaskartusche erneut geschüttelt. Es ist abermals zu erkennen, dass die Konzentration bei Probe 5 deutlich höher ist und bis zur Probe 8 fällt.

Proben	Peakarea
Probe 1	100208492,58
Probe 2	85286022,33
Probe 3	56507258,36
Probe 4	69198189,24
Probe 5	107213319,12
Probe 6	63958320,91
Probe 7	49544785,92
Probe 8	52195476,83
Mittelwert	**73013983,83**

Tab. 2: Ergebnisse der Sprühproben

4.3 Druckergebnisse

Wie unter „2.3.2 Drucken" bereits beschrieben, wurde das Druckspiken mit einer Flexodruckmaschine durchgeführt. Hier ist ebenfalls zu erkennen, dass die Peakareas stark voneinander abweichen. Festzuhalten ist, dass dieser Versuch mit einer Konzentration von 2g/L durchgeführt wurde. Zudem wurde die Analyse nach der Optimierung des GC-MS unternommen.

Die Problematik des Druckspikens ist aus dem eigentlichen Druckprozess ableitbar. Beim Füllen der Farbwanne mit der 2g/L Lösung schaltet sich die Rakel ein, welche ununterbrochen die Näpfchen der Rasterwalze füllt. Da die Farbwanne ein geringes Fassungsvermögen hat, muss diese kontinuierlich nachgefüllt werden. Resultierend hieraus sind die unterschiedlichen Ergebnisse des Druckspikens. Wird die Wanne erneut nachgefüllt, ändert sich die Konzentration des DEHP-Gehalts im Ethanol, da die Verdampfungsgeschwindigkeit von Ethanol sehr hoch ist. Zudem wird in Folge des Druckauftrags via Fotopolymerplatte der Bedruckstoff - in diesem Fall ein 16x16 cm großer Faserstoffausschnitt - woraus später die Probe gestanzt wird, gequetscht. Trotz möglicher Regulierung des Andrucks ist der sogenannte Quetschrand der Rasterungen ein allgegenwärtiges Problem im Flexodruck.

Proben	Peakarea
Probe 1	197231,94
Probe 2	2305183,87
Probe 3	1430402,00
Probe 4	1584796,64
Mittelwert	**1379403,61**

Tab. 3: Ergebnisse der Druckproben

4.4 Tauchergebnisse

Um den Verbrauch des TENAX® zu mindern, wurden für das Tauchspiken lediglich zwei Proben getestet. Dieses Verfahren zeigt jedoch eine sehr gute Reproduzierbarkeit, da die integrierten Flächen der beiden Peaks fast identisch sind. Weiterhin erfuhr eine weitere Probe die gleiche Behandlung. Diese (nicht in der Tabelle 3 aufgeführt) wurde zerkleinert und nach Zugabe von 5ml Cyclohexan in einem Ultraschallbad für 15 Minuten gelagert. Anschließend wurde diese Probe ebenfalls analysiert. Die Peakarea betrug dabei ca. das Vierfache der Proben 1 und 2. Rückschließend kann man feststellen, dass ein Gesamtübergang aus der Probe in die Lebensmittesimulanz nicht gegeben war, dies jedoch irrelevant ist, da die gespikten Proben die gleiche Kontaktzeit, sowie die gleiche Lagerdauer erfuhren.

Proben	Peakarea
Probe 1	1720905,32
Probe 2	1542437,65
Mittelwert	**1631671,49**

Tab.4: Ergebnisse der Tauchproben

5. Fazit

Ziel der durchgeführten Tests war es eine möglichst reproduzierbare Menge an DEHP auf Proben wiederzufinden, um die spätere Wirksamkeit von TiO_2 Sol-Gel Beschichtungen gegenüber dem DEHP einordnen zu können.

Hierbei schnitt das Druckverfahren am schlechtesten ab, da das Ethanol zu schnell verdampft, um akzeptable Ergebnisse hervorbringen zu können.

Betrachtet man das Tauchverfahren genauer, stellt dieses eine höhere Erfolgsrate in Aussicht. Hierzu müssten weitere Migrationsmessungen durchgeführt werden. Diesbezüglich sollten dennoch verschiedene Konzentrationen getestet werden. Nachteilig ist jedoch, dass das TiO_2 lediglich nach dem Spiken aufgetragen werden kann. Ein Vergleich, ob mehr oder weniger DEHP vor oder nach dem Auftrag der Sol-Gel Beschichtung migriert, besteht somit nicht. Darüber hinaus ist beim Tauchspiken die gesamte Probe durchtränkt, weswegen ein einseitiges Spiken nicht möglich ist.

Die Anwendung des Sprühspikens verspricht ebenfalls eine höhere Erfolgsrate. Dabei sollte beachtet werden, dass die Gaskartusche in regelmäßigen kurzen Abständen geschüttelt wird. Entsprechend muss gewährleistet sein, dass beim Abschrauben des Glasgefäßes nicht zu viel Ethanol verdampft, um die gewollte Konzentration aufrecht zu erhalten.

Außerdem sollten die Extraktionszyklen der Soxhlet-Apparatur vervielfacht werden, um zu sehen, ob das TENAX® bei längerer Durchlaufzeit vollständig gereinigt und somit wiederverwendet werden kann.

Mögliche Fehlerquellen in der Durchführung sind außerdem der Ofen, welcher von anderen Studenten ebenso mitbenutzt wurde. Dieser wurde zeitweilig auf höhere Temperaturen programmiert, wobei die Proben für eine undefinierte Zeitperiode der Raumtemperatur ausgesetzt waren.

Literaturverzeichnis

Suciu, N., Tiberto, F., Vasileiadis, S., Lamastra, L., Trevisan, M. (2013) „Recycled paper-paperboard for food contact materials: Contaminants suspected and migration into foods and food simulant",

Food Chemistry 141, pp. 4146-4151